공간을 자유롭게 표현하고 싶은 건축인을 위한
드로잉 매뉴얼

공간드로잉

이동민·이효민 공저

도서출판 대가

PROLOGUE

건축학교에 들어갔을 때, 강의에 필요한 준비물을 사기 위해 화방에 간 일이 있었다. 그때까지만 해도 그림과 관련된 경험은 중·고등학교 때 들었던 미술 수업 정도가 다였다. 그런 나에게 화방에서 연필, 스케치북, 제도 용품 따위를 가득 고르는 일은 꽤 흥미로웠다. 하지만 그 흥미는 역시 익숙하지 않음에서 왔다.

말과 글은 보편적인 의사소통의 방법이지만 건축학교에서는 그렇지 않았다. 구구절절 나열하는 말이나 글보다 내 생각이 담긴 스케치나 모형 그리고 서툴게 그린 다이어그램이 서로를 이해하기에 더 적합한 도구임을 알았다. 공간을 그리는 드로잉은 많은 노력과 연습이 필요한 것은 아니다. 점, 선, 면에 대한 기초적인 이해와 몇 가지의 원리를 숙지한다면 공간드로잉은 너무 쉽고 재미있는 표현방법이다.

우리가 글을 쓰는 방법은 크게 두 가지가 있다. 하나는 문법과 형식을 맞추어 견고하게 쓰는 글이고, 나머지 하나는 메모처럼 형식보다는 순간의 생각이나 견해를 담는 글이다. 우리는 두 가지 방법 모두 적절하게 활용할 수 있어야 한다. 하지만 드로잉에서는 거의 완성된 공간을 렌더링하는 법을 알려주는 책이 많은 데 비해 초기나 수정단계에서 상상한 공간을 메모할 수 있게 도와주는 책은 너무나 빈약했다.

우리가 이 드로잉북에서 중점을 둔 지점은 "메모"와 같은 드로잉이라고 말할 수 있다.

건축학과 학생에게 공간드로잉을 지도한 스터디 강사로서 필자의 경험과, 공동 저자인 이효민 작가의 미술지도 경험을 살린 이 책은, 공간드로잉을 처음 접하는 이들도 따라 하다 보면 메모하듯 쉽게 공간을 스케치할 수 있도록 구성하였다.

다음 페이지부터 펜을 잡고 한 장 한 장 넘겨보자.

CONTENTS

기본적인 공간드로잉을 할 수 있다

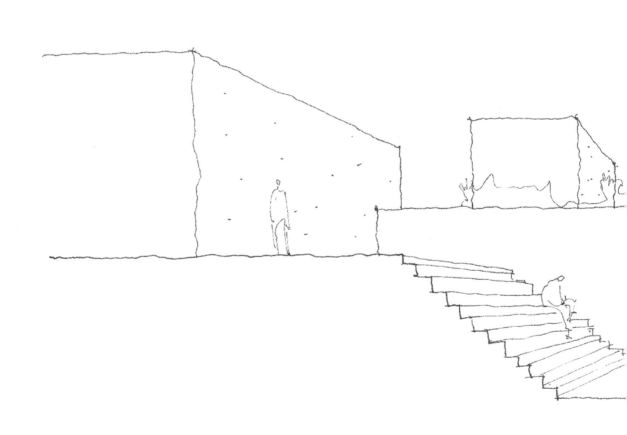

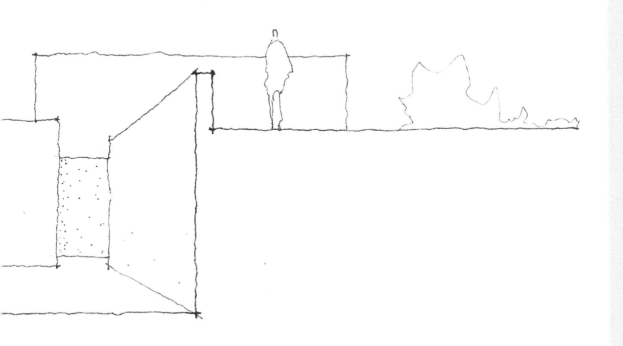

도구

공간드로잉은 기초적인 기하(점, 선, 면)로 구성됩니다. 그 중에서도 선의 표현이 제일 중요합니다.

그래서 우리에겐 선을 가장 잘 보여줄 수 있는 도구가 필요합니다.

또한, 2단계 정도의 굵기 표현이 가능해야 합니다.

따라서 다음에 설명된 3종류의 펜 중에 선택하여 시작하면 됩니다.

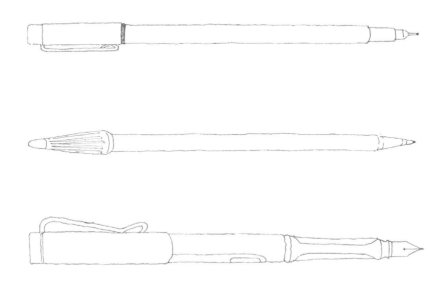

드로잉펜　　　　　　펜 드로잉에 익숙하지 않을 때 주로 선택합니다.
　　　　　　　　　　처음엔 굵기 조절이 힘들어서 굵기가 다른 두 종류의 드로잉 펜을 사용합니다.

펠트펜(플러스펜)　　연습용 펜으로 가장 적절합니다.
　　　　　　　　　　가격이 저렴하고 힘 조절에 따라 원하는 굵기 표현도 가능합니다.

만년필　　　　　　조금 더 자유로운 선 표현이 가능하지만 다루기가 힘들기 때문에 드로잉에 조금
　　　　　　　　　　익숙해진 후에 사용하면 좋습니다.

점

점은 드로잉의 모든 곳에 기준이 됩니다. 선을 그려도 점이 나타나야 하고, 면을 그려도 점이 나타나야 하며, 투시도에도 점이 나타나야 합니다. 그래서 점이라는 추상적인 개념은 그리는 동안 잊지 않아야 합니다.

① 점은 모든 것의 기준이다.

② 점은 모든 곳에 나타나야 한다.

선

사람의 모든 관절은 원의 궤도를 그리기 때문에 우리의 몸으로 빠르게 직선을 그리는 것은 불가능합니다. 그러기 때문에 우리는 두 개의 점을 선으로 이어서 곧은 직선이 아니더라도 균형 있는 선을 그릴 수 있습니다.

건축가들의 드로잉을 볼 때, 가끔 구불구불하거나 떨리는 선을 볼 수 있습니다. 그런 선이 나타나는 이유는 시작점부터 도착점까지 펜을 천천히 움직이며 균형을 맞추어 직선을 만들기 때문입니다.

① 두 개의 점을 설정한다.(시작점, 도착점)

② 반듯하지 않아도 좋으니 점과 점 사이를 끊김 없이, 끝까지 잇는다.

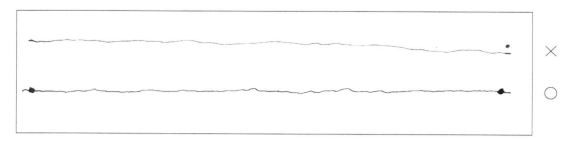

선이 반듯하지 않더라도 시작점과 도착점은 이어져야 합니다.

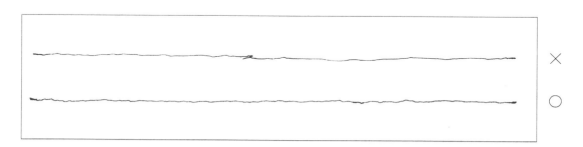

양 끝점이 잘 드러나도록 그리는 중에 선이 끊어지거나 겹쳐지지 않도록 합니다.

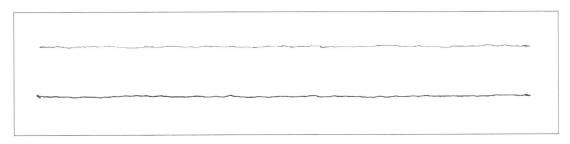

굵기가 다른 선을 그릴 수 있도록 연습합니다.

면

면은 네 개의 선보다는 네 개의 점으로 구성된 기하라고 인식하는 편이 더 좋습니다. 점과 마찬가지로 면을 보아도 면을 구성하는 점이 잘 드러나야 합니다.

그리고 면을 연습할 때는 그리는 종이의 테두리를 기준으로 수직과 수평의 균형을 맞추면서 다양한 크기와 비례의 면을 만들어 봅니다.

모서리 부분은 두 선을 교차하여 점을 강조해줍니다.

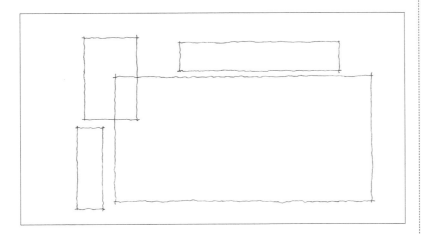

면 구성의 예

① 하나의 선을 긋는다.

② 먼저 그린 선을 기준으로 수평, 수직선을 그려 면을 만든다.

③ 다양한 크기와 비례의 면을 구성한다.

투시도

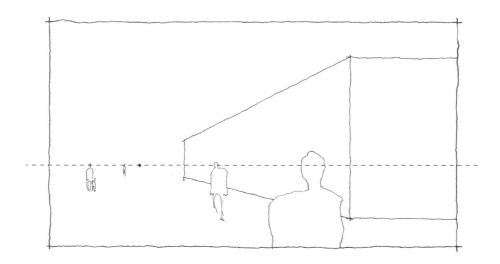

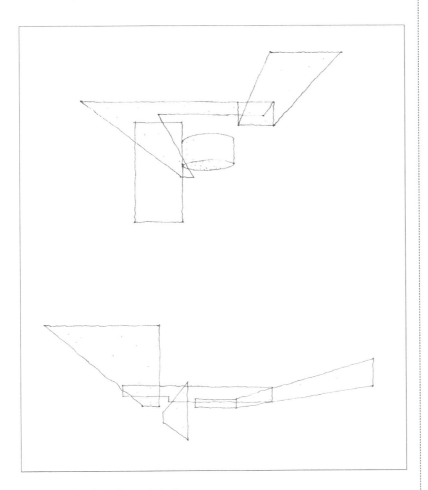

투시도를 활용한 공간드로잉의 예

우리가 이 책을 통해 배우고자 하는 투시도는 공간을 완성도 있게 표현하기보다 간단하게 드로잉하거나, 머릿속의 공간을 빠르게 표현하는 드로잉을 목표로 합니다.

그렇기에 정확한 치수보다는 대상 간의 비례를 중점으로 두어야 합니다.

소실점이 두 개 이상인 투시도는 왜곡이 심하고 읽기 어려우므로 우리는 공간감을 느끼기에 적합한 1점 투시도만 다룰 것입니다.

_ 투시도 그리기

① 눈높이 기준선을 그려 봅니다.

② 눈높이 기준선 위에 소실점을 찍습니다.

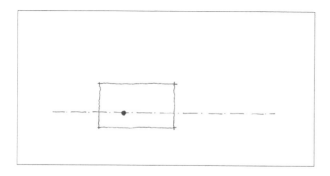

③ 종이에 평행한 기준면을 그려 봅니다.

투시도의 기준은 사람의 눈입니다.

소실점은 우리가 공간을 눈으로 보았을 때, 평행한 두 선이 만나는 점을 이야기합니다.

기준면은 우리가 그리는 공간의 높이나 깊이를 표현하기 위해 기준으로 삼는 면입니다.

① 눈높이 기준선을 긋는다.

② 눈높이 기준선 위에 소실점을 찍는다.

③ 종이에 평행한 기준면을 그린다.

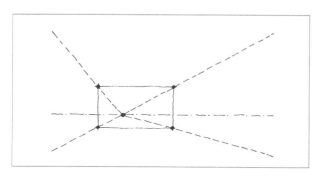

④ 소실점에서 기준면의 네 모서리를 관통하는 선을 긋습니다.

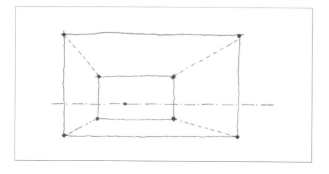

⑤ 기준면과 평행한 소실선으로 부터 이어지는 또 다른 면을 그려 봅니다.

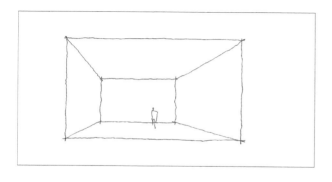

⑥ 눈높이 기준선에 사람의 머리를 그린 후 몸통을 그려 봅니다.

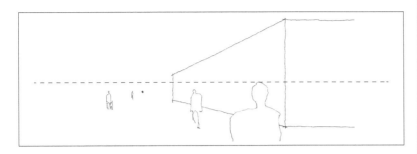

사람 배치에 따른 공간의 깊이

우리가 ⑤에서 평행한 소실선으로부터 이어지는 또 다른 면을 그릴 때, 그 면이 기준면과 면적이 같고 기준면보다 앞에 위치한다는 것을 알 수 있습니다.
또한 눈높이 선에 다른 위치의 사람을 여러명 배치 함으로써 공간의 깊이도 보여줄 수 있습니다.

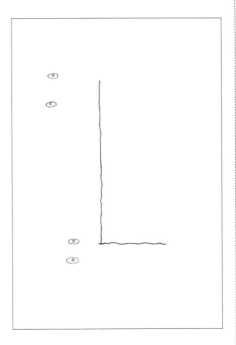

평면도

④ 소실점에서 기준면의 네 모서리를 관통하는 선을 긋는다.

⑤ 기준면과 평행한 소실선으로부터 이어지는 또 다른 면을 그린다.

⑥ 눈높이 기준선에 사람의 머리를 그린 후 몸통을 그린다.

_투시도 스케일

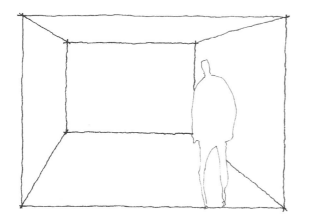
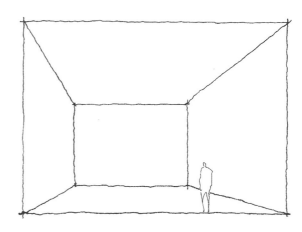

종이 위에 두 개의 같은 면을 우리
는 눈높이 기준선의 위치를 다르게
함으로써 전혀 다른 크기의 공간을
만들 수 있습니다.

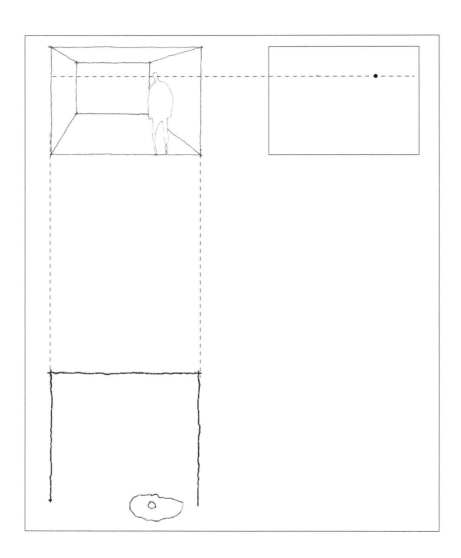

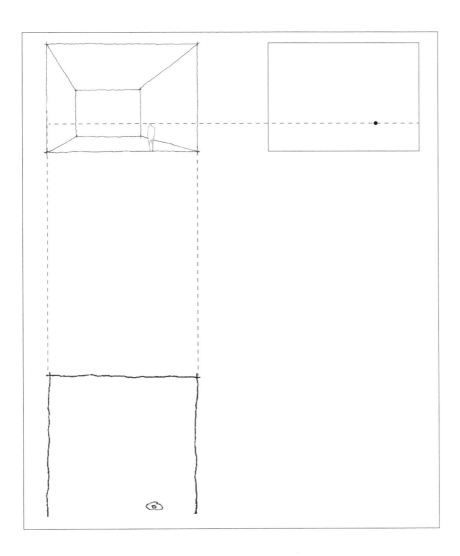

_ 투시도의 깊이 표현

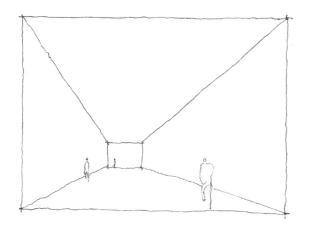
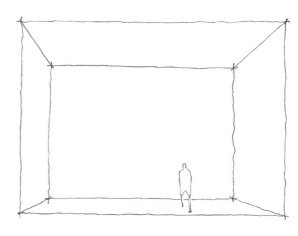

두 개의 투시도를 비교해보면 소실점으로 모이는 소실선의 길이가 길수록 더 깊은 공간이 만들어진다는 것을 알 수 있습니다.
이처럼 투시도를 통해 공간의 깊이감을 다양하게 표현할 수 있습니다.

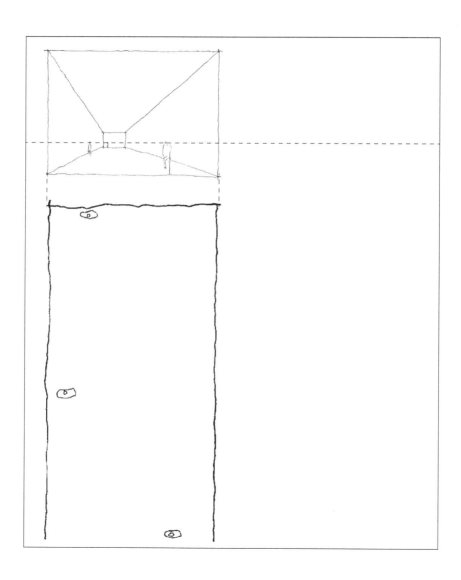

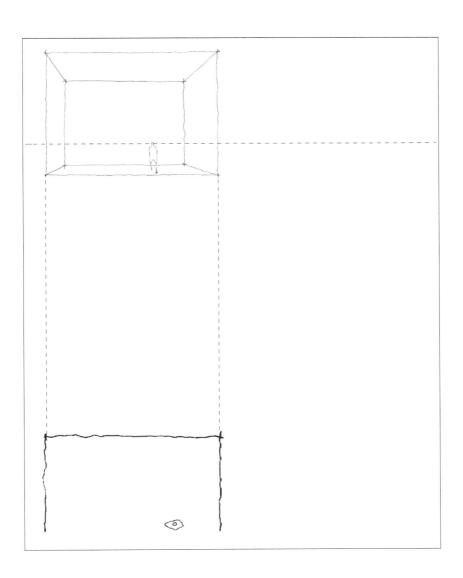

_ 소실점 위치 변경

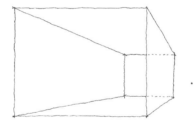 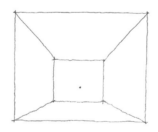 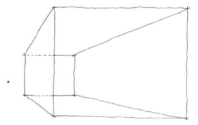

소실점의 위치를 변경하면 투시도 에서도 변화가 생깁니다. 소실점의 위치에 따라 내부의 면들 을 모두 보여 줄 수도 있고 공간의 깊이를 효과적으로 드러낼 수도 있 습니다.

이렇게 우리는 소실점을 이동하는 것만으로 공간드로잉에서 우리의 의도를 더 잘 표현 할 수 있게 됩니 다.

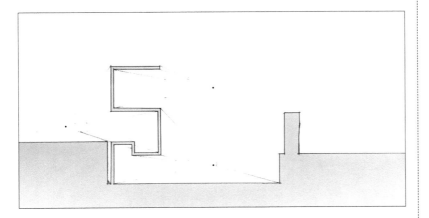

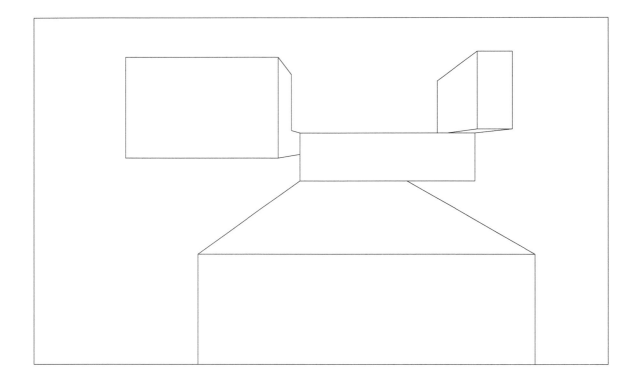

이번엔 앞에서 배운 내용을 바탕으로 연습해 봅시다.

무작정 똑같이 그리는 것도 좋은 방법일 수도 있지만, 보이는 이미지(사진)를 보고 그대로 그리는 것이 아니라 재구성해보는 연습을 해보겠습니다.
비례나 투시 각도가 조금씩 틀리는 것은 무방합니다.

① 보이는 대로만 그리지 않는다.

② 다른 스케일을 가진 공간을 그려본다.

③ 소실점의 위치를 바꿔 본다.

01 연습하기

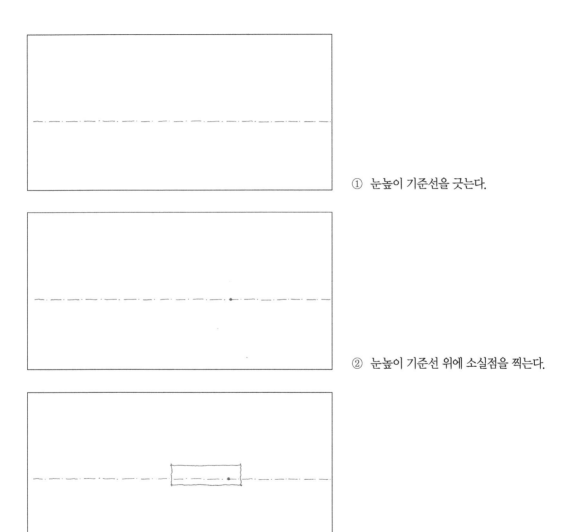

① 눈높이 기준선을 긋는다.

② 눈높이 기준선 위에 소실점을 찍는다.

③ 종이에 평행한 기준면을 그린다.

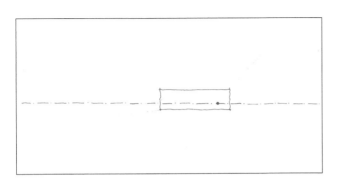

④ 소실점에서 기준면의 네 모서리를 관통하는 직선을 긋는다.

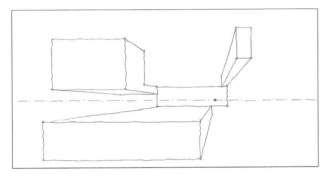

⑤ 기준면과 평행한 다른면을 그린다.

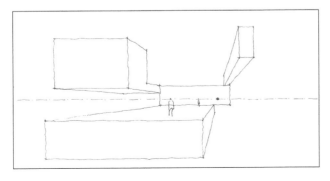

⑥ 눈높이 기준선에 사람의 머리를 그린 후 몸통을 그린다.

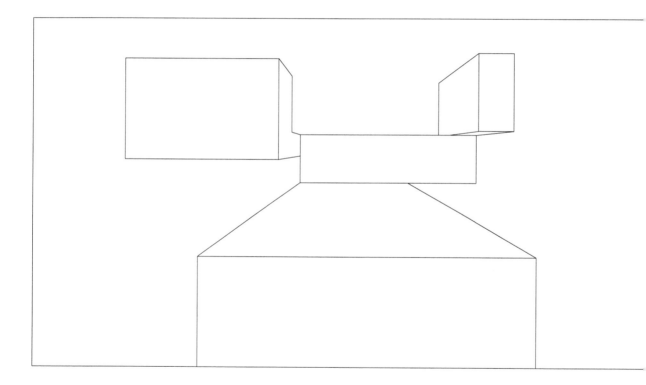

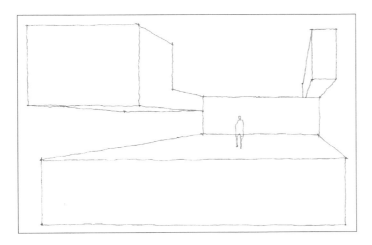

스케일을 다르게 해서 그린 투시도

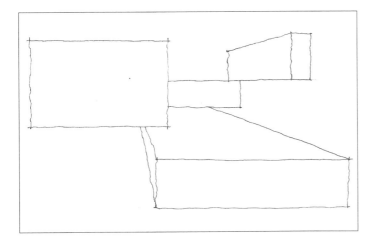

소실점의 위치를 바꾸어 그린 투시도

① 보이는 대로만 그리지 않는다.

② 다른 스케일을 가진 공간을
   그려본다.

③ 소실점의 위치를 바꿔 본다.

연습하기

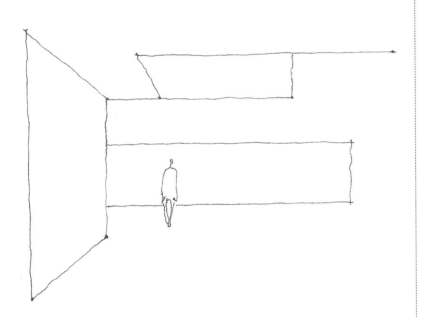

실제 공간을 찍은 사진보다 모형 사진이 단순하고, 공간을 읽기 쉽습니다.

여기서부터는 모형 사진을 보고 투시도를 그려보겠습니다. 마찬가지로 완벽하게 따라서 그리기보다는 스케일이나 비례는 조금씩 틀려도 무방하니 모형 사진을 보고 앞에서 학습한 순서대로 그려 봅니다.

또한, 순수한 공간 구성을 해보기 위하여 벽과 슬라브의 두께 표현 없이 면으로 표현해 보겠습니다.

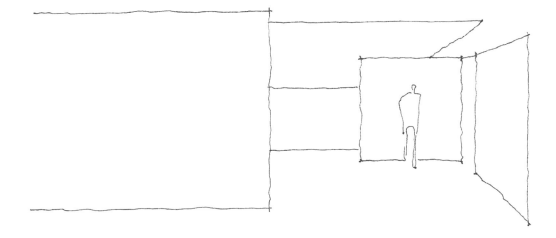

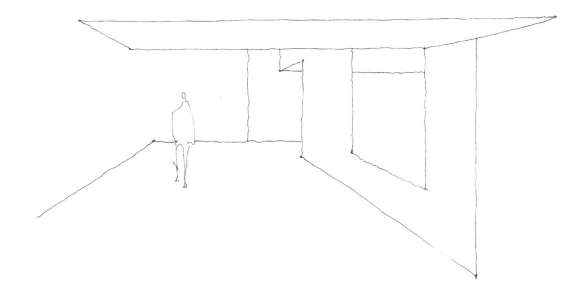

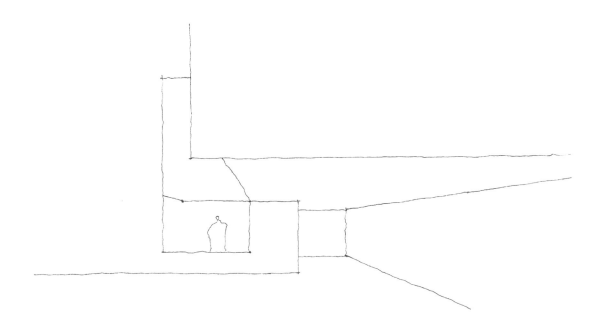

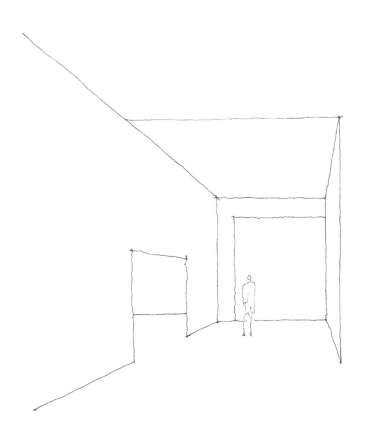

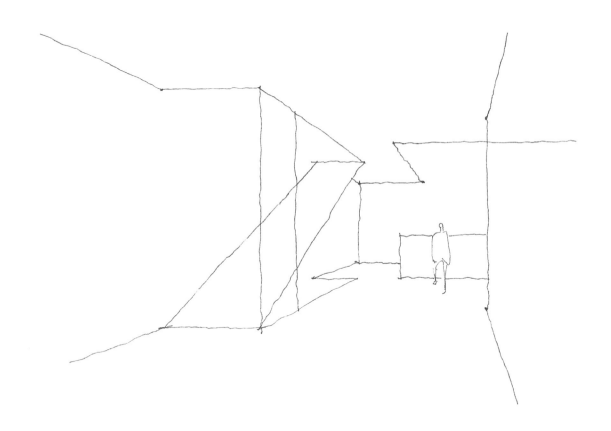

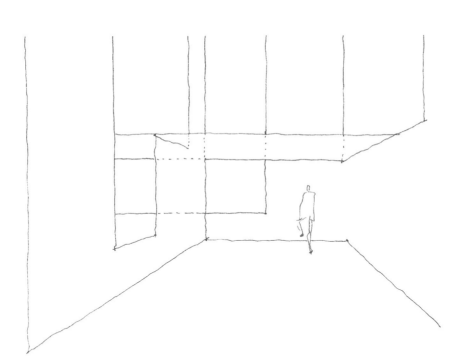

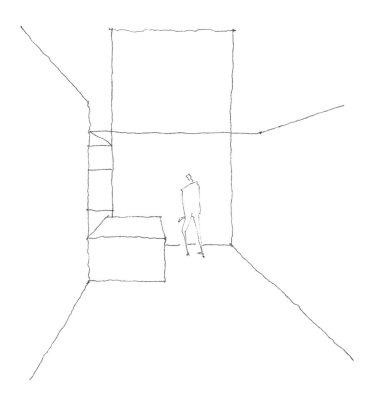

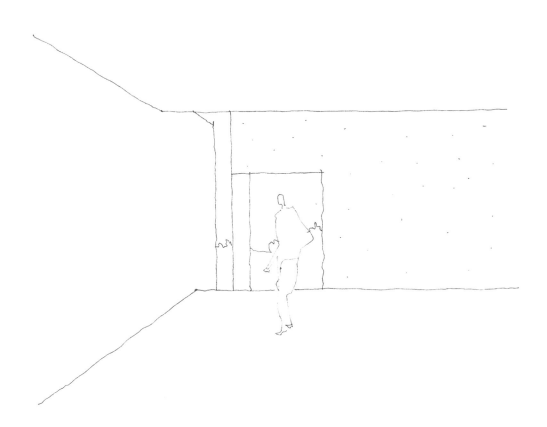

공간드로잉에 표현 더하기

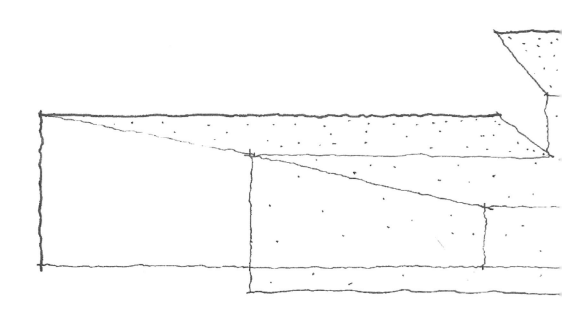

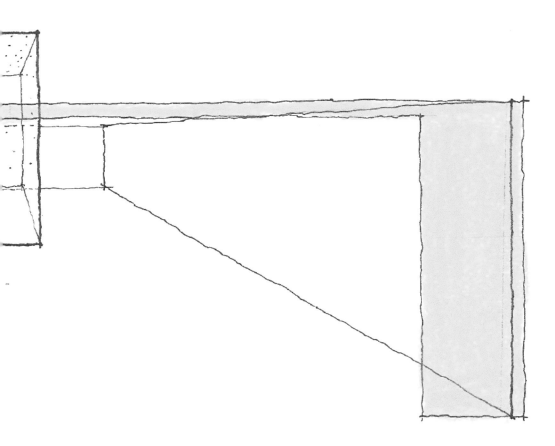

명암

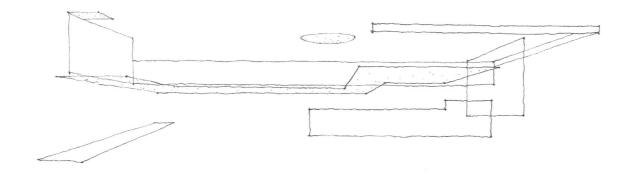

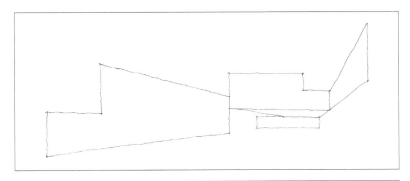

명암표현은 해의 위치를 간접적
으로 알려줄 수 있을 뿐만 아니라
공간의 실내와 실외를 구분할 수 있
게 합니다.

명암표현 방법은 다양하지만 우리
는 몇 개의 점으로 간단하게 표현
하는 방법을 익히려고 합니다.

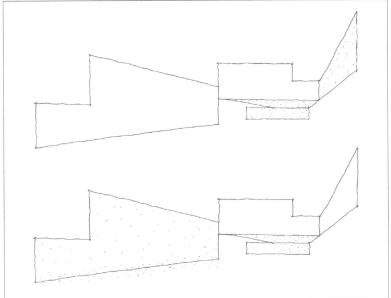

① 해의 위치를 설정한다.

② 그림자가 지는 부분에 점을
   찍는다.

③ 점의 밀도를 조절하면서 명암
   을 표현한다.

해가 오른쪽에 위치한 경우(위), 해가 왼쪽에 위치한 경우(아래)

데코

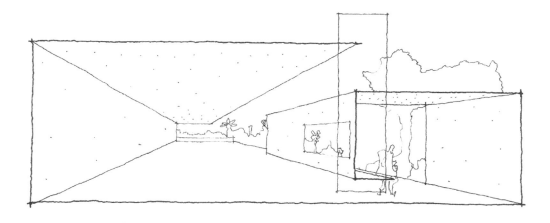

공간드로잉에 들어가는 장식은 인물, 가구, 자연물 등이 있습니다.

드로잉 속 인물은 공간의 스케일을 보여주고, 가구는 디테일한 사람의 행위들을 상상하게 해주며, 공간의 내부와 외부를 구별해줍니다. 자연물 또한 내부와 외부의 경계를 뚜렷하게 해줍니다.

_ 명함 표현하기

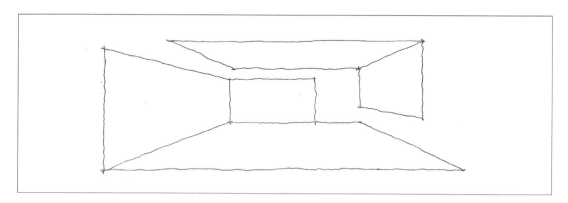

① 공간을 그려 봅니다.

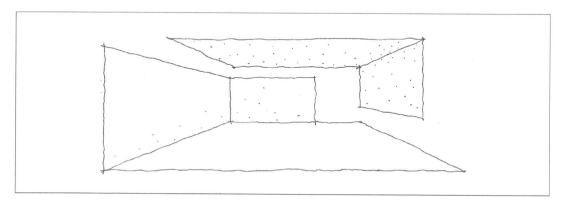

② 공간에 명암 표현을 해줍니다.

먼저 공간을 드로잉을 한 뒤, 명암
표현을 해줍니다.

① 공간을 그린다.

② 공간에 명암을 표현한다.

_ 자연물 넣기

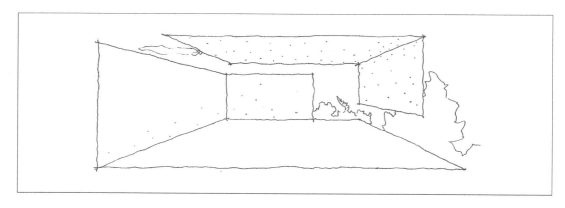

③ 자연물을 그려 내부와 외부를 구별합니다.

공간드로잉에서 자연물을 가장 얇은 선으로 많은 요철을 주며 그려야 공간을 구성하는 다른 선들과 구별 할 수 있습니다.

또한, 수목을 그릴 때는 가지부터 잎까지 섬세하게 그리기보다 그것이 갖는 볼륨을 드러내는 것이 좋습니다.

③ 자연물을 그려 내부와 외부를 구별한다.

_ 사람 · 가구 넣기

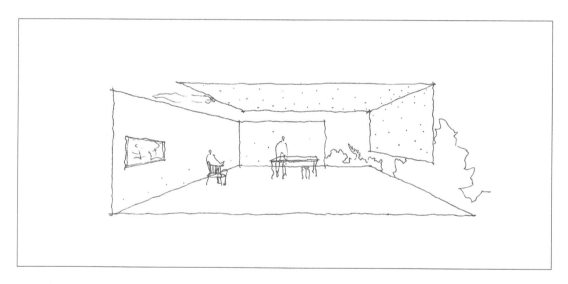

④ 공간에서 이루어질 행동이나 경험을 상상하면서 사물이나 인물을 그려 봅니다.

수목과 마찬가지로 인물이나 가구
또한 그것이 갖는 볼륨을 나타나게
그리는 것이 좋습니다.

인물과 가구가 공간에 그려지면
구체적인 상상을 가능하게 합니다.
구체적인 상상을 하는 것은 공간
드로잉을 풍부하게 하는 것에 많은
도움을 줍니다.

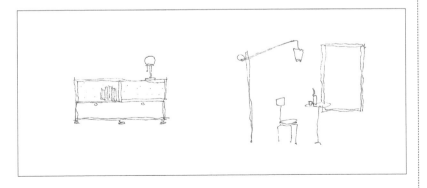

④ 공간에서 이루어질 행동이나
경험을 상상하면서 사물이나
인물을 그린다.

색

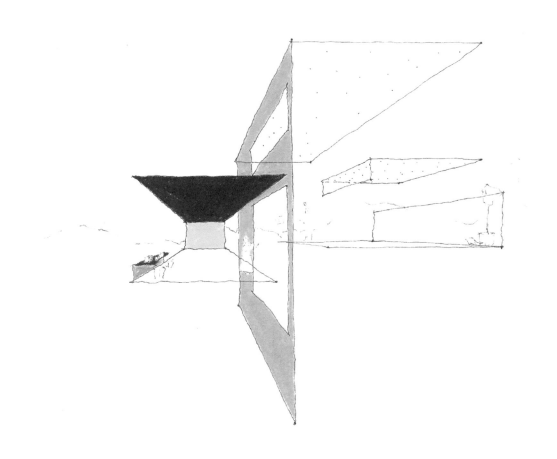

공간드로잉에서 색을 넣는 것은 단순하게 채색의 목적이 아닌 특정한 면이 만드는 볼륨이나 공간을 강조하기 위해 사용합니다.

채색 도구는 주로 색연필을 사용하는데 개인의 채색 방법에 따라 자유롭게 사용합니다.

다만 잉크가 번질 수 있어서 수채화는 조심히 사용할 수 있도록 합니다.

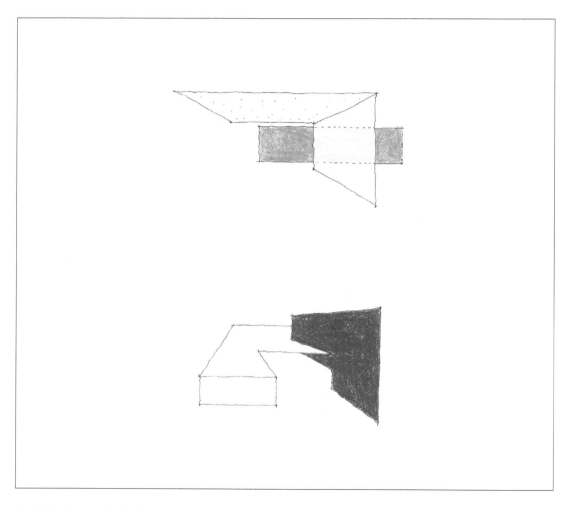

특정면을 색으로 강조한 예

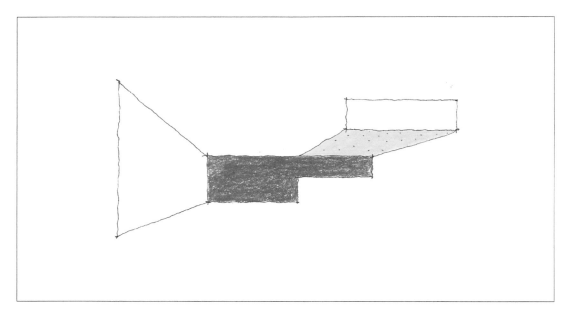

수직면과 수평면을 색으로 강조한 예

은선

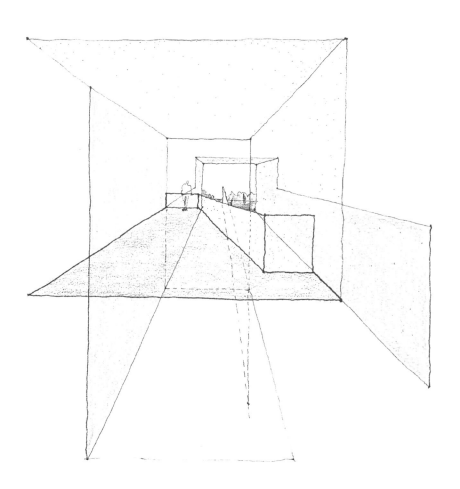

투시도를 그릴 때 생기는 왜곡 때문에 보이지 않게 되는 부분이 생기는데 이런 부분이 눈에 안 보인다고 해서 굳이 감출 필요는 없습니다.

보이지 않은 부분도 표현해야 하거나 전반적인 공간의 구성을 보여주고 싶을 때 숨겨진 부분을 점선으로 표현할 수도 있습니다.

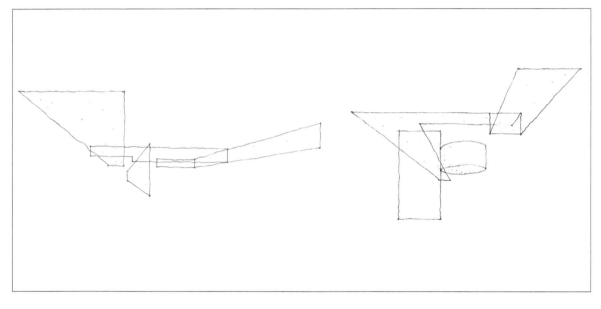

숨기지 않고 공간의 전체 구성을 보여주는 예

은선을 점선이 아닌 실선으로 표현
할 수도 있습니다.
그렇지만 공간이 복잡한 경우에는
오히려 혼란스러울 수도 있습니다.

공간드로잉 응용하기

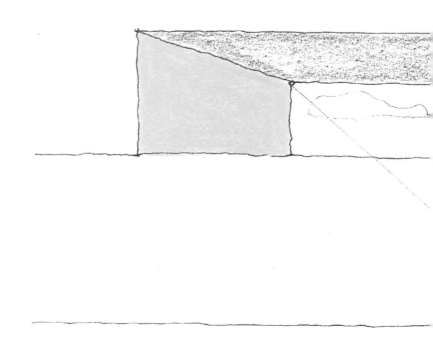

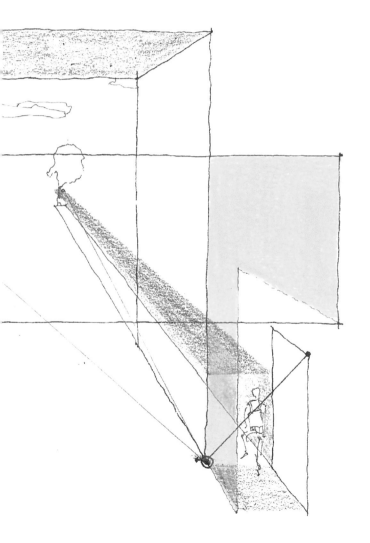

면+투시도

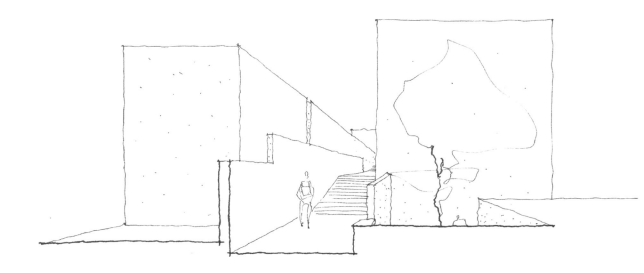

우리는 면과 투시도를 동시에 그릴 수 있습니다.
예를 들어 단면 투시도의 경우에 단면에서 보여줄 수 있는 땅과의 수직 관계를 보여주면서 투시도로 공간의 구성도 동시에 표현 할 수 있습니다.

면(단면, 평면)을 설정한 후, 그 면을 기준 삼아 소실선을 긋기 때문에 투시도보다 오히려 쉽게 그릴 수 있습니다.

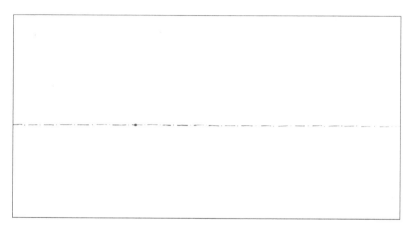

① 눈높이 기준선을 그리고 소실점을 찍습니다.

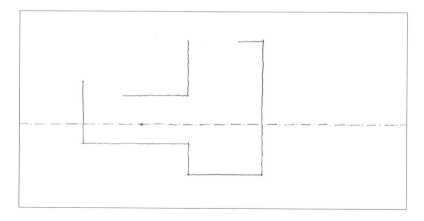

② 단면을 그려 봅니다.

① 눈높이 기준선을 그리고 소실
   점을 찍는다.

② 단면을 그린다.

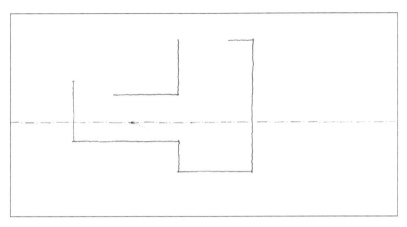

③ 단면을 기준삼아 소실점에서부터 소실선을 그려 줍니다.

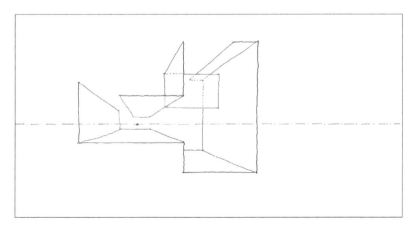

④ 깊이를 고려하여 공간을 구성합니다.

③ 단면을 기준삼아 소실점에서
　부터 소실선을 긋는다.

④ 깊이를 고려하여 공간을 구성
　한다.

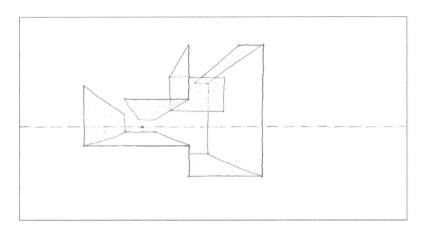

⑤ 공간에 명암을 표현해줍니다.

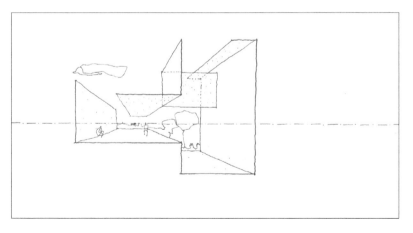

⑥ 공간에 인물, 자연물 등을 넣어 꾸며줍니다.

⑤ 공간에 명암을 표현한다.

⑥ 공간에 인물, 자연물 등을
　 넣는다.

사진과 드로잉

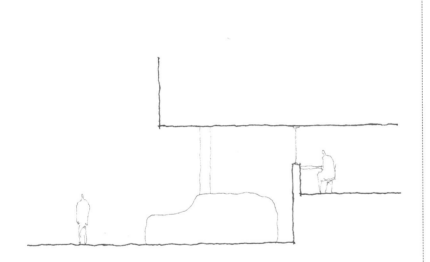

우리는 일상에서 사진을 찍어 공간을 간직합니다. 하지만 사진에서 보이는 정보는 너무 구체적이기 때문에 조금 정제할 필요가 있습니다.

공간드로잉은 사진의 많은 정보를 정제하기에 적합한 도구입니다.
따라서 뒤에는 사진을 두고 그 공간을 면(단면도, 평면도)으로 표현하거나 투시도로 그려보는 연습을 해보겠습니다.

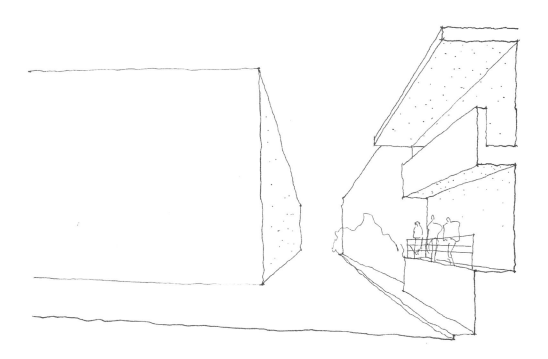

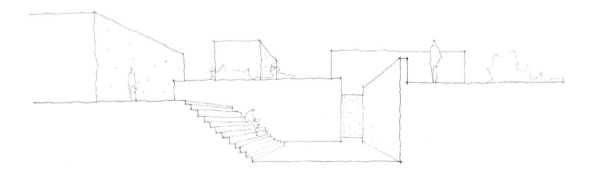

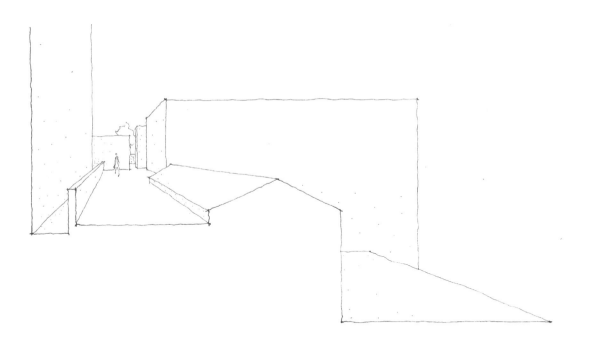

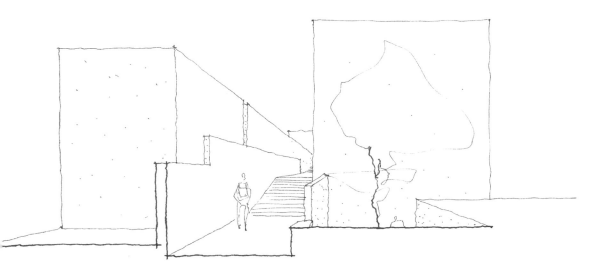

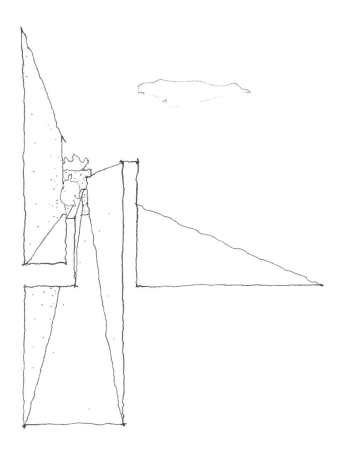

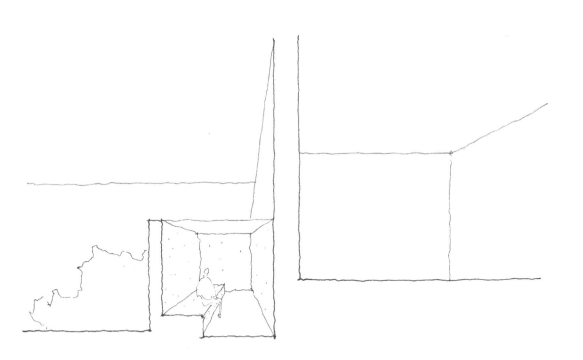

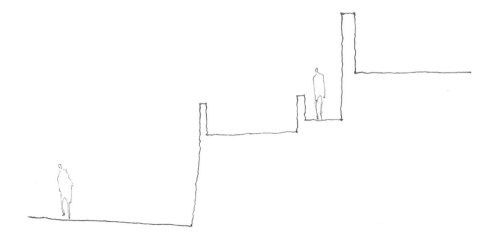

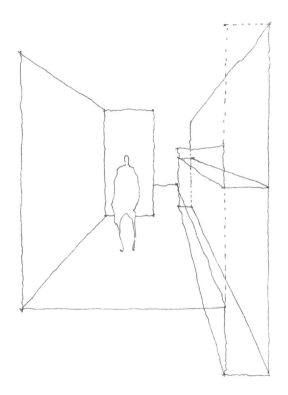

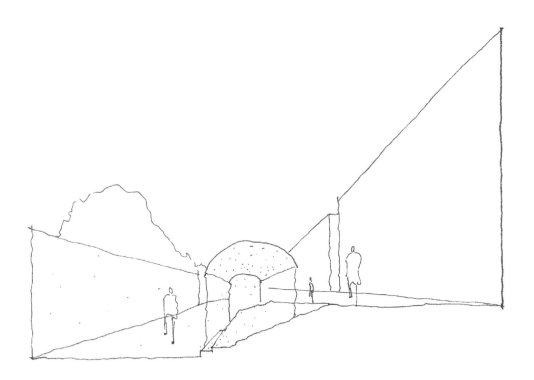

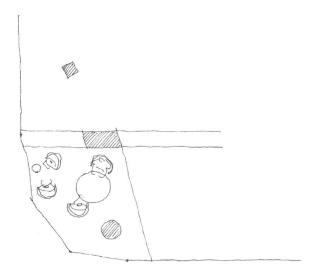

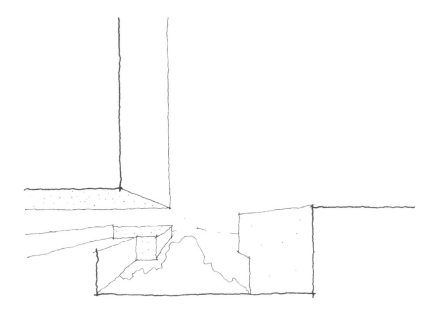

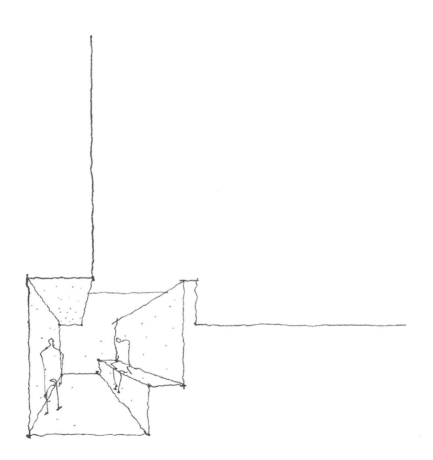

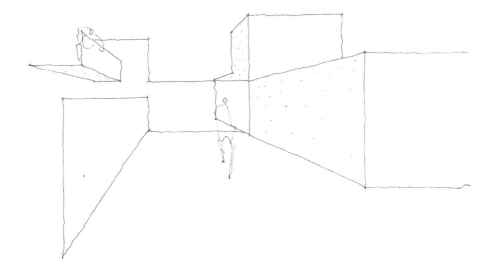

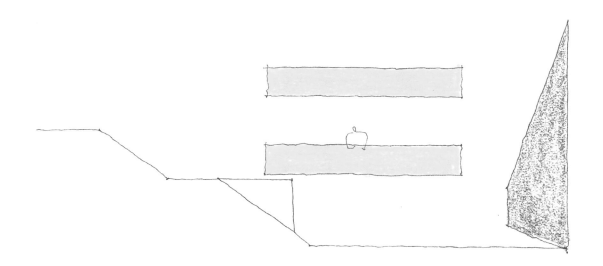

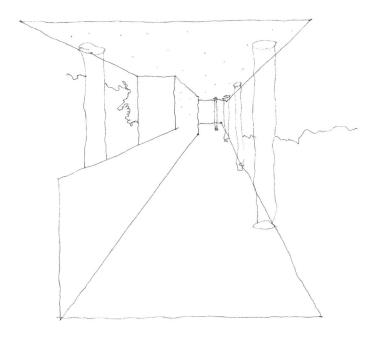

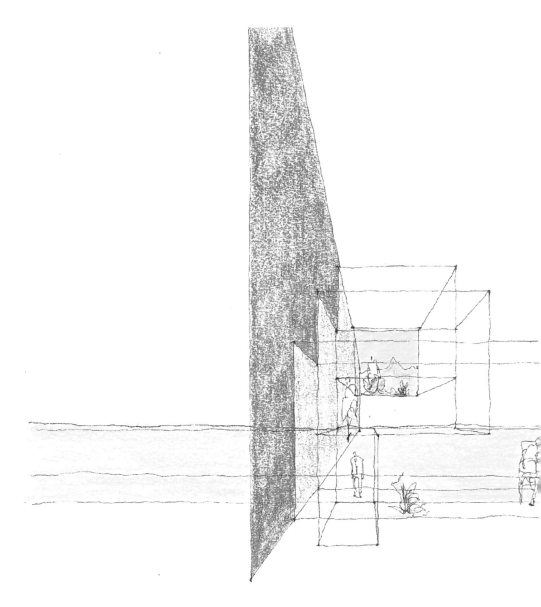

공간드로잉을 보다 더 쉽게 이해
할 수 있도록 앞에서 배운 내용을
바탕으로 그린 공간드로잉의 예제
입니다.

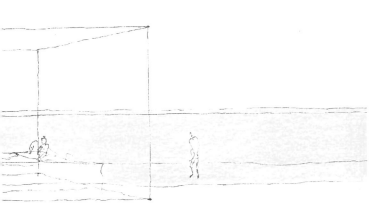

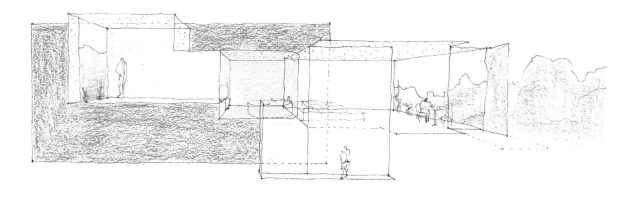

이렇게 하나의 공간도 각각 다른
방향에서 그려볼 수 있습니다.

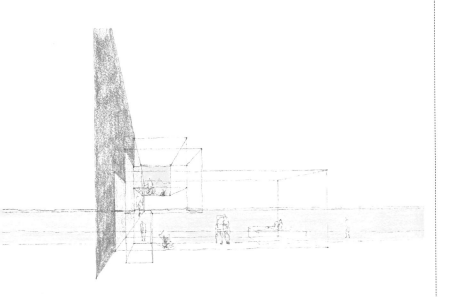

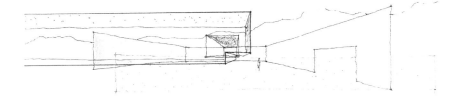

03 드로잉 예제

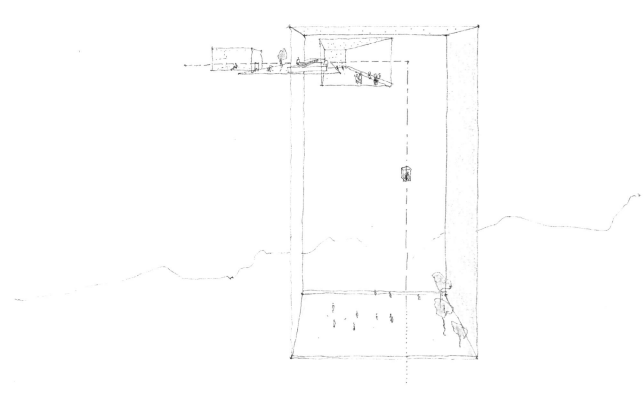

드로잉마다 다른 스케일을 연출 할
수 있습니다.

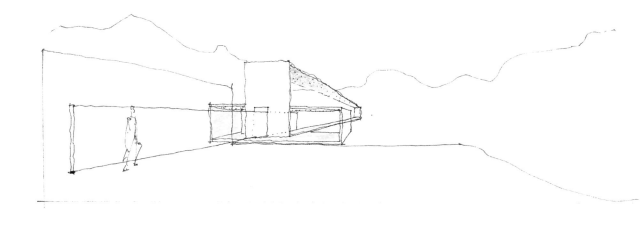

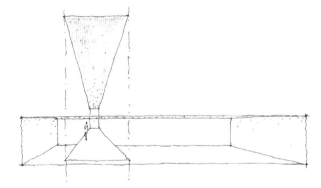

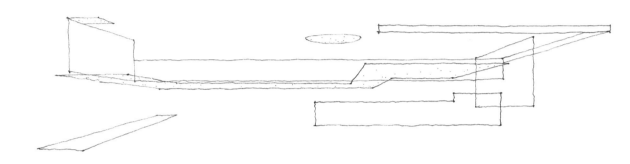

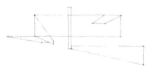

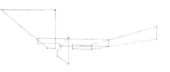

몇 개의 공간을 각각 연출하고 나중에 전체를 구성하는 투시도를 구성할 수 있습니다.

또한 일부의 디테일한 표현도 우리가 배운 드로잉법으로 표현 할 수 있습니다.

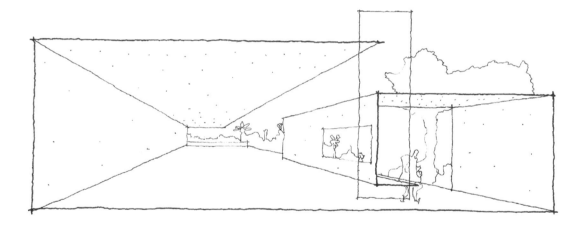

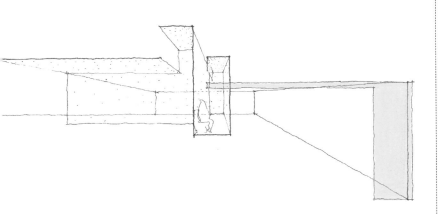

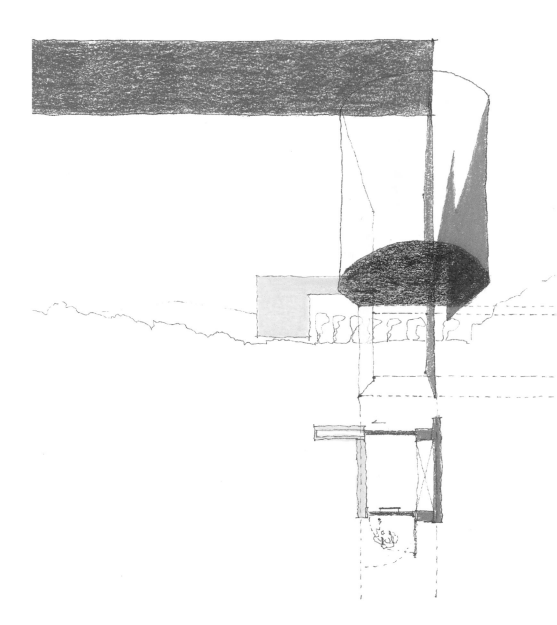

공간드로잉의 일부를 평면으로
표현할 수 있습니다.

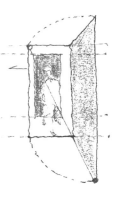

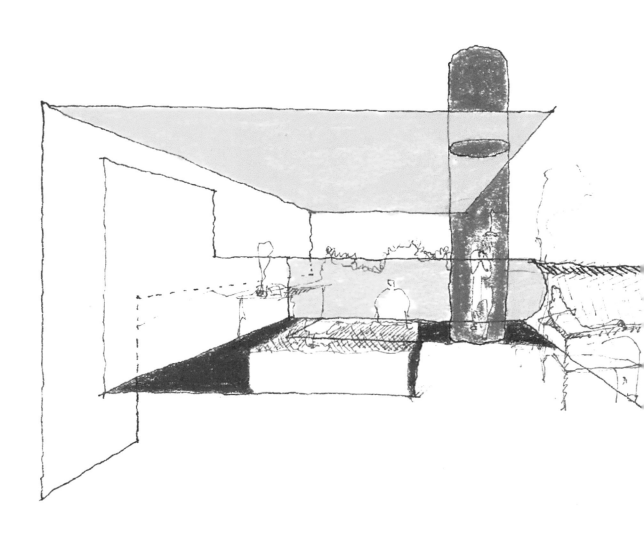

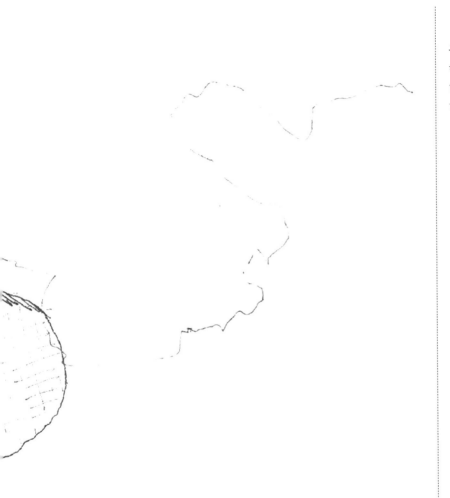

공간에서 일어날 수 있는 사람의
행위를 상상해서 데코하면 보다
디테일한 드로잉을 그릴 수 있습
니다.

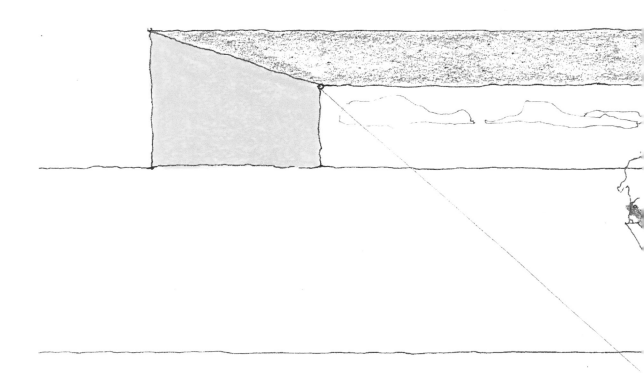

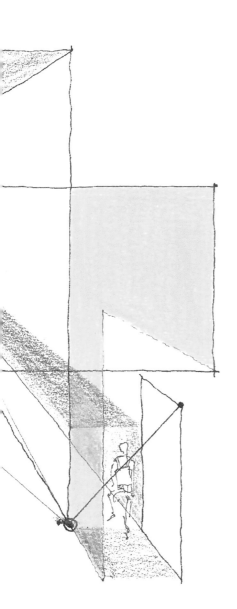

소실점의 위치를 특이하게 배치해
볼 수도 있습니다.

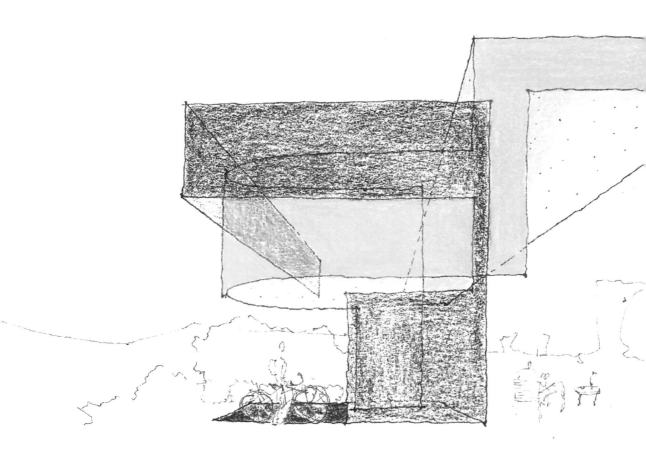

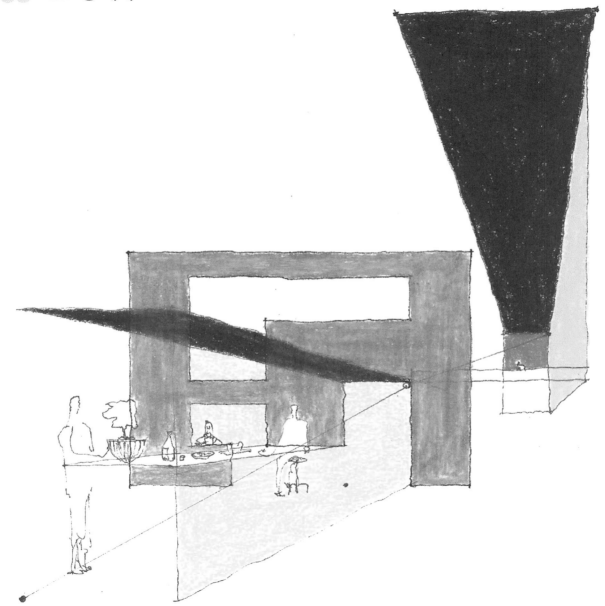

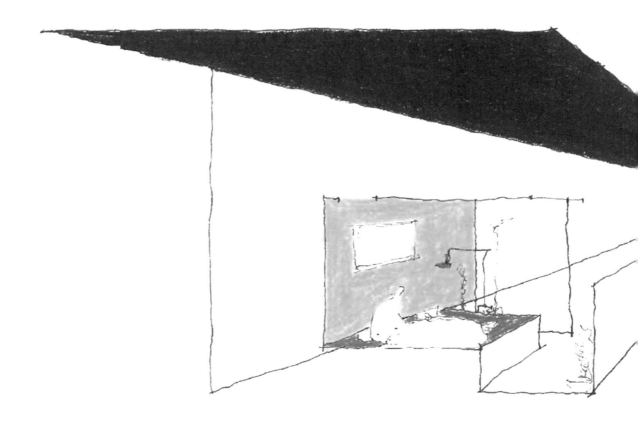

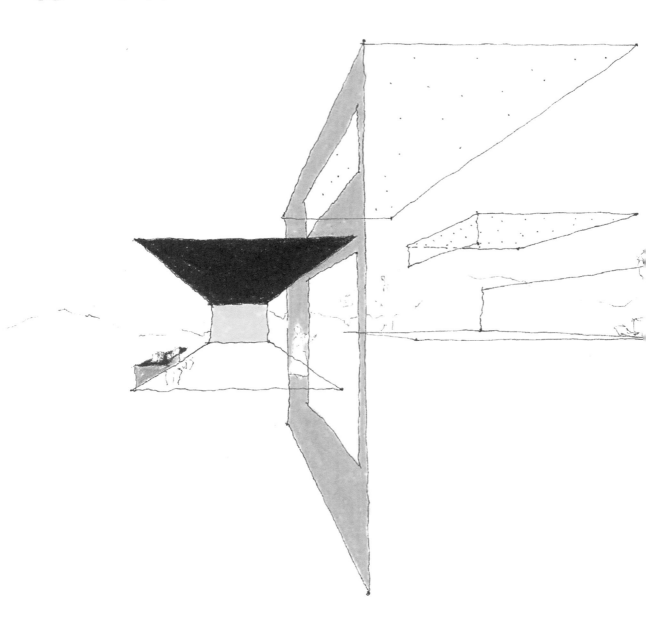

공간드로잉

공간을 자유롭게 표현하고 싶은 건축인을 위한 드로잉 매뉴얼

초판 1쇄 인쇄 2019년 10월 25일
초판 1쇄 발행 2019년 10월 30일

공 저 자 이동민·이효민
펴 낸 이 김호석
펴 낸 곳 도서출판 대가
편 집 부 박은주
마 케 팅 권우석·오중환
관 리 부 한미정

등   록 313-291호
주   소 경기도 고양시 일산동구 장항동 776-1 로데오메탈릭타워 405호
전   화 02) 305-0210
팩   스 031) 905-0221
전자우편 dga1023@hanmail.net
홈페이지 www.bookdaega.com
I S B N 978-89-6285-237-0 93540

이 도서의 국립중앙도서관 출판시도서목록(CIP)은 서지정보유통지원시스템 홈페이지(seoji.nl.go.kr)와
국가자료공동목록시스템(www.nl.go.kr/kolisnet)에서 이용하실 수 있습니다.
(CIP제어번호: CIP2019040619)